BEI GRIN MACHT SICH IHR WISSEN BEZAHLT

- Wir veröffentlichen Ihre Hausarbeit, Bachelor- und Masterarbeit

- Ihr eigenes eBook und Buch - weltweit in allen wichtigen Shops

- Verdienen Sie an jedem Verkauf

Jetzt bei www.GRIN.com hochladen und kostenlos publizieren

Die Smart Factory in der Automobilindustrie

Ramona Kühlechner

Bibliografische Information der Deutschen Nationalbibliothek:

Die Deutsche Nationalbibliothek verzeichnet diese Publikation in der Deutschen Nationalbibliografie; detaillierte bibliografische Daten sind im Internet über http://dnb.d-nb.de abrufbar.

ISBN: 9783346742421
Dieses Buch ist auch als E-Book erhältlich.

© GRIN Publishing GmbH
Nymphenburger Straße 86
80636 München

Alle Rechte vorbehalten

Druck und Bindung: Books on Demand GmbH, Norderstedt Germany
Gedruckt auf säurefreiem Papier aus verantwortungsvollen Quellen

Das vorliegende Werk wurde sorgfältig erarbeitet. Dennoch übernehmen Autoren und Verlag für die Richtigkeit von Angaben, Hinweisen, Links und Ratschlägen sowie eventuelle Druckfehler keine Haftung.

Das Buch bei GRIN: https://www.grin.com/document/1252953

Belegarbeit

Frau
Ramona Kühlechner

Die Smart Factory in der Automobilindustrie

Kufstein, 2021

Inhalt

Inhalt

VI

Hinweis: Die Abbildungen mussten aus urheberrechtlichen Gründen von der Redaktion entfernt werden.

Abbildungsverzeichnis

Hinweis: Die Abbildungen mussten aus urheberrechtlichen Gründen von der Redaktion entfernt werden.

Abkürzungsverzeichnis

IoT	Internet of Things Deutsch: Internet der Dinge
JIT	Just in Time
IIoT	Industrial Internet of Things
BMW	Bayrische Motorenwerke
R&D	Research and Development, Deutsch: Forschung und Entwicklung
CPS	Cyber Physical Systems
OPC UA	OPC Unified Architecture
M2M	Machine to Machine
I 40	Industrie 4.0
GByte	Giga Byte
TByte	Terra Byte

1 Einleitung

Eines steht fest, die Komplexität der Automobilindustrie steigt und somit ihre Produktion. Neue Kunden- und Marktanforderungen geben hier die Richtung nach innovativen Technologien an. Hocheffiziente Fertigung, Generierung und intelligentes Verknüpfen von Daten, Big Data und vieles mehr machen die Smart Factory von diversen Automobilherstellern fit für die Zukunft. Durch diese radikale Änderung wird womöglich die Fließbandfertigung durch die modulare Montage ersetzt.

Daher ist es kaum verwunderlich, dass laut einer Studie folgende Kernaussagen getroffen werden [1]:

- Industrie 4.0 führt zu einer höheren Produktions- und Ressourceneffizienz von −18 %.
- Industrie 4.0 ermöglicht neue, oftmals disruptive digitale Geschäftsmodelle.
- Digitalisierte Produktion und Services erwirtschaften zusätzlich 30 Mrd. € pro Jahr für die deutsche Wirtschaft.
- Digitalisierung des Produkt- und Serviceportfolios ist der Schlüssel zum nachhaltigen Unternehmenserfolg.
- Horizontale Kooperationen ermöglichen eine bessere Erfüllung von Kundenanforderungen.
- Industrie 4.0 transformiert das gesamte Unternehmen.
- Die integrierte Analyse und Nutzung von Daten ist die Kernfähigkeit im Rahmen von Industrie 4.0.

In dieser Hausarbeit werden Automobilhersteller speziell Audi, BMW und Daimler näher in Bezug auf ihre Smart Factory betrachtet.

2 Was ist Industrie 4.0?

2.1 Definition

Jeder kennt ihn, den Begriff Industrie 4.0, jedoch ist dieses Synonym schwer zu definieren, weshalb es umfassende Definitionen dazu gibt. Inzwischen werden viele Dinge mit diesem Begriff angewandt. Diverse Schlüsselwörter wie Digitalisierung, Big Data, IoT und Cloud werden mit Industrie 4.0 in Verbindung gesetzt.

Verkürzt ausgedrückt handelt es sich somit bei Industrie 4.0 (kurz I 40) um die Verknüpfung von intelligenten Produkten (Smart Products) mit einer intelligenten Fabrik und Produktion (Smart Factory) [2].

2.2 Die vier industriellen Revolutionen

Historisch gesehen haben wir drei Stufen hinter uns, diese wären die Industrie 1.0 bis 3.0. Wir befinden wir uns mitten im vierten industriellen Zeitalter. Diese Etappe wird geprägt von Schlüsselworten wie Cyber-physische Systeme, Internet of Things, Big Data uvm. die im Folgenden noch näher beschrieben werden.

Abbildung 1: Überblick der vier Revolutionen

2.2.1 Industrie 1.0

Im Jahre rund um 1800 wurde die Mechanisierung und somit auch die Dampfmaschine zum Leben erweckt. Damals wurde auch die allererste Massenproduktion von Maschinen gestartet. Allerdings konnten die Produktionsanlagen vorwiegend nur mit Wasser oder Dampf betrieben werden. Die Dampfmaschine war somit der erste Motor. Durch sie wurde die Industrialisierung stark angetrieben und damit in diversen Sparten wie beispielsweise der Textilindustrie, Eisenbahnen und der Dampfschifffahrt viele neue Arbeitsplätze ermöglicht.

2.2.2 Industrie 2.0

Zum Ende des 19. Jahrhunderts wurde die Elektrizität ein großes Thema. Dadurch konnte man vor allem in der Automobilbranche vermehrt Arbeiten in den Produktionsstätten automatisieren. In Rekordzeiten wurden am Fließband Motoren produziert. Einen sehr starken Einschlag hatte Henry Ford, der es ermöglichte ,dass die Mitarbeiter nur noch eine Aufgabe erledigen mussten. Somit wurde die Produktion um einiges schneller. Auch an den Büroarbeitsplätzen hat sich einiges getan. Telefone und Telegramme vereinfachten die Kommunikation und dadurch auch die Arbeit. Durch den Betrieb der Luftfahrt nahm die Globalisierung Fahrt an. Es konnten die produzierten Waren über Kontinente transportiert werden.

2.2.3 Industrie 3.0

In den 1970ern begann die Automatisierung und die Informationstechnik. PCs wie man sie heute kennt, wurden von den großen Rechenmaschinen ersetzt. Sie wurden demnach vermehrt in Büros aber auch in Haushalten verwendet. In Fabriken wurde menschliche Arbeit von Maschinen zum großen Teil übernommen.

Abbildung 2: Der erste Computer

2.2.4 Industrie 4.0

Wir befinden uns mitten in der vierten industriellen Revolution auch digitale Revolution genannt. Hier wird vermehrt auf die Integration von cyber-physischer Systeme und Digitalisierung gesetzt. Unternehmen produzieren längst nicht mehr auf Lager ,sondern nutzen die JIT-Strategien, um Lagerkosten zu vermeiden und um schnellstmöglich der Nachfrage des Kunden nachoptimieren zu können. Neue Produkte können somit rapide hergestellt werden. Selbst klassische Branchen wie beispielsweise die Baubranche wurden weitgehend digitalisiert.

2.3 Sicherheit und Risiken

Datenschutz bzw. Datensicherheit und IT-Sicherheit sind Themen, die in der Industrie 4.0 und der Digitalisierung nicht zu trennen sind. Diese bilden auch das größte Problem bei der Umsetzung von Industrie 4.0. Dabei muss die vernetzte Produktion komplett vor Hackerangriffen geschützt werden.

Vor allem geht es um die Sicherheit folgender Bereiche:

- Cloud
- Mobile Lösung
- Produktion
- Daten

Der Einsatz neuartiger Standards wie OPC UA trägt sicherlich zur Steigerung der IT-Sicherheit bei, er ist aber auch gleichzeitig kein Garant hierfür, da viele Bereiche nicht Bestandteil des Standards sind [20]. Obwohl Industrie 4.0 unterschiedlich interpretiert wird, ist ein hoher Schutzbedarf unumstritten immer notwendig [3].

3 Das Internet der Dinge und Dienstleistungen

3.1 Internet of Things

Im Internet der Dinge (deutsch) können Geräte ganz ohne Eingriff automatisiert werden. Das bedeutet die jeweiligen Gegenstände bekommen eine Identität und ermöglicht ihnen eine Kommunikation und somit einen Austausch von Befehlen. Die Geräte geben diese eingebetteten Sensordaten an die Cloud weiter und werden im Anschluss weiterverarbeitet. Diese Sensoren können in alltägliche Gegenstände wie Mobiltelefone, Waschmaschinen, Fahrzeuge oder tragbare Geräte eingebettet sein [4].

Vorteile des IoT:

- Zeitersparnis und Arbeitsersparnis
- Komfortabilität
- Steigende Produktivität
- Effizienteres Arbeiten
- Ökonomisch produktiver

Nachteile des IoT:

- Verbrauch der Ressourcen (hoher Stromverbrauch)
- Hackerangriffe
- Große Anfälligkeit für Störungen

3.2 Machine-to-Machine

Machine-to-Machine dient zur Kommunikation zwischen Maschinen, um Abläufe schneller, sicherer und effizienter zu gestalten.

Die Kritikpunkte des M2M sind:

- Geschlossenes System: für Überwachung, Optimierung und Steuerung eines einzigen Prozesses
- Proprietäre Insellösung
- Gleiche Protokollsprache von Sender und Empfänger notwendig

Das IoT ist eine sogenannte Weiterentwicklung von Machine-to-Machine.

3.3 Industrial Internet of Things

Das Industrial Internet of Things ist ganz einfach definiert, das Internet of Things in der Industrie. Im Gegensatz zum IoT, ist das IIoT für industrielles Umfeld bzw. der Produktion geschaffen.

Vorteile des IIoT:

- Höhere betriebliche Effizienz
- Erschließung von neuen Geschäftsfeldern
- Produktionsprozesse lassen sich automatisieren und flexibel in Echtzeit anpassen
- Maschinen erkennen Bedarf an Wartung und arbeiten selbstständig
- Senkung von Produktionsunterbrechungen sinken
- Steigerung der Produktionskapazität
- Einzelprodukte und Kleinstserien rentabel produzierbar
- Verbesserte Sicherheit von Mensch und Maschine

Nachteile des IIoT:

- Verwaltung von vielen vernetzten Geräten erfolgt mit hohem Aufwand und Zeit
- Fehlende Standards haben zur Folge, dass die Geräte nicht kompatibel sind
- Software der Geräte muss aus Sicherheitsgründen auf dem neuesten Stand sein

3.4 Internet of Services

Heutzutage werden Dienstleistungen („Smart Services") vermehrt digitalisiert. Die intelligente vernetzte Welt in Bezug auf die Industrie 4.0 besteht aus folgenden Komponenten:

- Smart Buildings
- Smart Products
- Smart Factory
- Smart Logistics
- Smart Health
- Smart Grids
- Smart Mobility

3.4.1 Smart Service

Smart Service ist eine Kombination aus einer virtuellen und einer physischen Dienstleistung. Eine vernetzte Softwareumgebung bildet hierbei die Grundlage. Dem Kunden werden die Smart Services auf digitale Plattformen vermarktet und zugänglich gemacht. Der Vorteil darin besteht ‚dass sie jederzeit zu jedem beliebigen Ort verfügbar sind. Ein gängiges Beispiel ist die Fernüberwachung. Sie sind mit Sensoren und RFID Chips versehen und damit verfolgbar. Sie werden auch für Logistik und Mobilitätsdienstleistungen, digitale Dienstleistung und personenbezogene digitale Dienstleistung verwendet [20].

3.4.2 Smart Factory

Smart Factory auf Deutsch intelligente Fabrik, sind im Grunde genommen adaptive Produktionssysteme, die mit bestimmter Software vernetzt und mit diversen Wertschöpfungsnetzwerken verknüpft sind. Sie beherrscht Komplexität, Effizienzsteigerung und ist weniger störanfällig in einer Produktion. Zudem wird sie durch ihre Wandlungsfähigkeit, der Produktionskapazitäten gekennzeichnet. Eine Smart Factory kann man sich einfach vorstellen: Mensch, Maschine und Ressource kommunizieren miteinander wie in einem sozialen Netzwerk.

Hier entstehen für den Betreiber etliche Vorteile wie die zeitnahe Verbreitung und Nutzbarmachung der Daten. Um einen planbaren und sicheren Austausch von Informationen zwischen den Geräten und Diensten zu gewährleisten, sind Netzwerk- und Echtzeitfähigkeit ebenso wie Skalierbarkeit erfolgskritische Faktoren. Diese skalierbaren Architekturen können aufgrund der dezentralen Intelligenz eigene Entscheidungen treffen. Nicht nur Fabriken, sondern auch Produkte können intelligent sein.

3.4.3 Smart Product

Smart Products auf Deutsch intelligentes Produkt, sind wie der Name schon sagt, Produkte die flexibel an die Kunden bzw. Anwenderbedürfnisse angepasst werden können. Diese können mittels ihrer intelligenten Vernetzung mit anderen Systemen kommunizieren. Hierfür werden Mikroprozessoren, Embedded Systems und Chips entwickelt, um Konfigurationsdaten für die Fertigungsschritte abzulegen. Sie verfügen und unterstützen den Herstellungs- und Fertigungsprozess .
Smart Products ermöglichen eine effizientere bzw. eine flexiblere Produktion. Somit können auch geringe Fertigungsmengen wie Einzelteilanfertigung profitabel hergestellt werden.

4 Elemente der Industrie 4.0

4.1 Cloud Computing

Cloud Computing ist eine Bereitstellung von gemeinsam nutzbaren Computing Ressourcen. Diese Bereitstellung erfolgt über die sogenannte Cloud. Computing Ressourcen können Speicher, Server, Datenbanken, Software uvm. sein.

Die jeweiligen Dienstleistungen werden in drei Ebenen unterteilt [15] :

- IT-Basis Infrastruktur bzw. Hardware-Komponenten als Dienst (Infrastructure as a Service – IaaS): Bei IaaS werden IT-Ressourcen wie z. B. Rechenleistung, Datenspeicher oder Netze als Dienst angeboten. Ein Cloud-Kunde kauft diese virtualisierten und in hohem Maß standardisierten Services und baut darauf eigene Services zum internen oder externen Gebrauch auf.
- Technische Frameworks als Dienst (Platform as a Service – PaaS): Ein PaaS-Provider stellt eine komplette Plattform bereit und bietet dem Kunden auf der Plattform standardisierte Schnittstellen an, die von Diensten des Kunden genutzt werden. So kann die Plattform z.B. Mandantenfähigkeit, Skalierbarkeit, Zugriffskontrolle, Datenbankzugriffe, etc. als Service zur Verfügung stellen.
- Anwendungen als Dienst (Software as a Service – SaaS): Sämtliche Angebote von Anwendungen, die den Kriterien des Cloud Computing entsprechen, fallen in diese Kategorie. Dem Angebotsspektrum sind hierbei keine Grenzen gesetzt. Als Beispiele seien Kontaktdatenmanagement, Finanzbuchhaltung, Textverarbeitung oder Kollaborationsanwendungen genannt.

Abbildung 3: Cloud Computing Modelle

Fünf charakteristische Eigenschaften eines Cloud-Dienstes: [15]

- *On-demand Self Service*: Die Provisionierung der Ressourcen (z.B. Rechenleistung, Speicher) läuft automatisch ohne Interaktion mit dem Anbieter ab.
- *Broad Network Access*: Die Dienste sind mit Standard-Mechanismen über das Netz verfügbar und nicht an einen bestimmten Client gebunden.
- *Resource Pooling*: Die Ressourcen des Anbieters liegen in einem Pool vor, aus dem sich viele Anwender bedienen können (Multi-Tenant Modell). Dabei wissen die Anwender nicht, wo die Ressourcen sich befinden, sie können aber vertraglich den Speicherort, also z. B. Region, Land oder Rechenzentrum, festlegen.
- *Rapid Elasticity*: Die Dienste können schnell und elastisch zur Verfügung gestellt werden, in manchen Fällen auch automatisch. Aus Anwendersicht scheinen die Ressourcen daher unendlich zu sein.
- *Measured Services*: Die Ressourcennutzung kann gemessen und überwacht werden und entsprechend bemessen auch den Cloud-Anwendern zur Verfügung gestellt werden.

Unteranderem unterscheidet man beim Cloud Computing zwischen den Cloud Typen. Zum ersten gibt es die Pubilc Cloud. Diese bietet, wie der Name schon verrät einen öffentlichen Zugriff über das Internet. Die Private Cloud ist für bestimmte Gruppen beispielsweise Firma oder Vereine. Die Hybrid-Cloud ist für kombinierte Zugänge gedacht. Diese richtet sich nach den Bedürfnissen der Nutzer.
Durch das Cloud Computing können Investitionskosten wie beispielsweise Hardware, Software oder Errichtung von Rechenzentren erspart werden.
Weitere Vorteile sind:

- Sicherheit
- Zuverlässigkeit
- Leistung
- Produktivität
- Globale Skalierung
- Geschwindigkeit

4.2 Big Data

Mit Big Data werden große Mengen an Daten bezeichnet, die u.a. aus Bereichen wie Internet und Mobilfunk, Finanzindustrie, Energiewirtschaft, Gesundheitswesen und Verkehr und aus Quellen wie intelligenten Agenten, sozialen Medien, Kredit- und Kundenkarten, Smart-Metering-Systemen, Assistenzgeräten, Überwachungskameras sowie Flug- und Fahrzeugen stammen und die mit speziellen Lösungen gespeichert, verarbeitet und ausgewertet werden [6].

Chancen von Big Data:

- Entscheidungsfindung: versteckte Muster sowie Informationen in Daten können erkannt werden
- Effizienzsteigerung: dadurch können viele Prozesse effizienter gestaltet werden
- R&D: Durch Analyse von Daten können zum Beispiel vorhandene oder kommende Trends erkannt bzw. vorausgesagt werden
- Transparenz: z.B. bei Behörden zur Korruptionsbekämpfung
- Kundenindividualität: zur Anpassung von Kundenbedürfnissen

Risiken von Big Data:

- Datenschutz: Nutzer müssen keine Zustimmung mehr erteilen
- Eingriff in Privatsphäre: Unternehmen können dadurch einen sehr tiefen Eingriff in die Daten der Menschen bekommen
- Nachvollziehbarkeit: Mensch verliert jede Art von Anonymität durch z.B. Cookies
- Unüberschaubarkeit: aufgrund der riesigen Mengen an Daten ist es so gut wie unmöglich mit einem Algorithmus perfekte Ergebnisse zu erzielen
- Benachteiligung: durch falsche oder fehlerhafte Algorithmen kann es zu Benachteiligungen von bestimmten Gruppen kommen
- Hackerangriffe: überall wo virtuelle Daten sind, ist ein Angriff möglich

4.3 3D Druck

3D-Druck zählt zu den generativen Fertigungsverfahren, welche auch als Additive Fertigung (Additive Manufacturing AM) bezeichnet werden [24]. Dabei entstehen aus flüssigen, festen oder pulverförmigen Ausgangswerkstoffen (z.B. Kunststoff, Kunstharz, Keramik, Metall oder Verbundwerkstoffe) dreidimensionale Werkstücke [24].

Vorteile:

- Flexible Fertigung möglich, aufgrund schneller Adaption
- Geringer Materialverlust
- Für Prototypenherstellung optimal
- Vollautomatisierte Herstellung möglich
- Komplexe Formen mit geringem Aufwand herstellbar

Nachteile:

- große Mengen nicht wirtschaftlich
- Nachbearbeitung meist notwendig
- Lange Fertigungszeiten
- Bauvolumen begrenzt

4.4 Sensitive Roboter

Roboter sind im Bereich der Automatisierung nicht mehr wegzudenken. Sie sind eng mit Cyber Physical Systems verknüpft. Aber auch hier ergeben sich durch neuartige Ansätze weitergehende Einsatzgebiete, die die Produktionswelt nachhaltig verändern werden und damit weitere Optimierungspotentiale eröffnen [20]. Sie werden vorwiegend im automatisierten Karosserierohbau oder in der Fertigung von Elektronikbauteilen verwendet.

Abbildung 4: menschengroßer sensitive Roboter, der mit einer Haut versehen ist

4.5 Weitere Basistechnologien

Dazu gehören:

- Virtual/Augumented Reality: für Instandhaltung, Reparatur, Service und Produktion
- Selbststeuernde Transporteinheiten
- Auto-ID: Barcode, RFID
- Kabellose Netzwerke (Breitband)
- Standards zur einheitlichen Datenübertragung

5 Die Smart Factory – Fabrik der Zukunft?

5.1 Allgemein

Im Zentrum der Industrie 4.0 steht die Smart Factory. Smart Factory stellt eine Arbeitsumgebung zur Verfügung, in der sich intelligente Einheiten ohne menschliches Zutun selbständig organisieren [5]. Die wichtigsten Komponenten bzw. Werkzeuge einer Smart Factory sind Cyber Physical Systems (CPS), moderne Information und Kommunikationstechnik hier vor allem drahtlos wie Bluetooth, Big Data-Technologien, Cloud-Computing, Logistiksysteme.

Folgende Vorteile bietet die Smart Factory:

- Steigerung der Produktivität
- Produktionszeiten werden reduziert
- Optimierung von Prozessen
- Kostensenkung
- Bestellungen werden automatisiert
- Neue Produkte werden innerhalb kürzester Zeit eingeführt
- uvm.

5.2 Cyber Physical Systems

Cyber Physical Systems, auf Deutsch Cyber physikalische Systeme sind Kleinstcomputer, die mit Aktorik und Sensorik bestückt sind, und ihre Umwelt somit erfassen können. Diese können aber auch als Embedded System auf Deutsch eingebettetes System in dem jeweiligen Gerät eingebaut sein. Sie ermöglichen eine Vernetzung von mechanische mit physischen Komponenten wie Maschinen.

Nach wie vor spielt der Mensch eine wesentliche Rolle in diesem System. Er muss zwar nicht in den eigentlichen Fertigungsprozess eingreifen, sondern hat das Kommando der Steuerung und den Überwachungsprozess. Darüber hinaus legt er das grundlegende Design der Smart Factory fest und stimmt sämtliche Schnittstellen mit externen Systemen und anderen smarten Fabriken ab [5].

6 Smart Factory bei Automobilhersteller

6.1 Allgemein

In Deutschland zählt die Automobilindustrie zu den bedeutendsten Zweigen der Industrie und somit ausschlaggebend für die gesamtwirtschaftliche Entwicklung [7]. Insbesondere wenn es darum geht, die komplexen Elektro-, Hybrid- und Wasserstoff-Antriebe möglichst effizient und reibungslos in den Montageprozess zu integrieren [8]. Individuelle Kundenwünsche, Qualität der Produktionsprozesse können damit erheblich erhöht werden. Im Folgenden werden speziell Anwendungen der Automobilhersteller Audi, BMW und Daimler näher betrachtet.

6.2 Audi

Das Unternehmen konnte allein 2021 von Jänner bis September in mehr als 100 Märkten 1.347.637 [10] Fahrzeuge liefern. Dabei wurde eine beeindruckende Anzahl von 52.774 Elektrofahrzeuge ausgeliefert. 2020 erzielte der Konzern rund 50 Mrd. €, dies sind 6 Mrd. € pandemiebedingt weniger als im Vorjahr. Der Automobilkonzern produziert weltweit an 19 Produktionsstandorten (exklusive Mexiko aber inklusive CKD-Werke). Zurzeit arbeiten weltweit rund 87.000 Menschen für das Unternehmen, davon 60.000 in Deutschland [22]. Mit neuen Modellen, innovativen Mobilitätsangeboten und attraktiven Services wird Audi zum Anbieter nachhaltiger, individueller Premiummobilität [22].

Überblick
Eine Smart Factory beinhaltet für Audi [11] die Punkte

- Big Data,
- Variantenmanagement,
- Digital Manufacturing,
- Mobile Geräte,
- Cloud Computing und
- Digitale Fabrik.

Audi verfolgt außerdem das Ziel, CO_2 neutrale Produktionsstätten zu realisieren. Nachhaltigkeitsaspekte werden in jeder Hinsicht berücksichtigt. Energieeffiziente Logistik werden geplant und umgesetzt.

Digitale Fabrik
Aktuelle Aktivitäten umfassen die Bereiche virtuelle [20]

- Presswerkplanung
- Karosseriebauplanung
- Lackplanung
- Montageplanung
- Fabrikplanung
- Technologieplanung
- Aggrgateplanung

–   Logistikplanung

Darüber hinaus wird eine echtzeitfähige Vernetzung aller Mitarbeiter angestrebt [12].

3D-Printing

Der 3D Drucker wurde bereits in den 90er Jahren verwendet. Somit konnten Prototypen rapide hergestellt werden. Nicht nur kleine Bauteile ließen sich mit dem 3D Drucker fertigen, sondern auch ganze Automobile.

Big Data

Große Datenmengen die weit über den TByte Bereich hinweggehen müssen dementsprechend verwaltet und analysiert werden. Demnach war die Einführung von Big Data Systemen ein gewisser Segen für die Produktentwicklung. Allein im Karosseriebau entstehen täglich bis zu 200 GByte an Daten täglich.

Sensitive Roboter

Sensitive Roboter sind Helfer, die vor allem in der Endmontage von Audi verwendet werden. Sie unterstützen Mitarbeiter bei schweren Lasten und bei unhandlichen Teilen. Ein ergonomisches Arbeiten wird somit gewährleistet, da den Mitarbeitern beispielsweise das Bücken erspart bleibt.

6.3 BMW

Die BMW Group besteht aus Mini, Rolls Royce und BMW selbst. Das Unternehmen folgt folgenden Ansätzen im Bereich der Industrie 4.0:

- Smart Data Analytics
- Smart Logistics
- Innovative Automation
- Additive Manufacturing

Die BMW Group verfügt über einen weltweiten Produktionsverbund mit 31 Standorten in 14 Ländern und einem Vertriebsnetzwerk in über 140 Ländern. Im dritten Quartal 2020 wurde ein Umsatz von 27,47 Mrd. €.erzielt. Der Absatz elektrischer Fahrzeuge hat sich mehr als verdoppelt (+167%) [23]. Das Unternehmen beschäftigte Ende 2020 weltweit rund 120.800 Mitarbeiter [13].

Überblick

Besondere Einflussfaktoren des Unternehmens sind klarerweise die Qualität, Komplexität, Anlaufplanung, Ökologie und die Kosten.

Unter anderem beteiligt sich BMW an folgende Forschungsprojekte der Bundesregierung:

- CyPros (Produktivitäts- und Flexibilitätssteigerung durch Vernetzung intelligenter Systeme in der Fabrik),
- ReApp (Flexibilität von roboterbasierten Automatisierungslösungen),
- Big Data-Ansätze zur Verbesserung der Energieeffizienz sowie mobile Technologien in der Produktion.

Nachhaltigkeit

Ziel, ist es außerdem einen 100-prozentigen Einsatz von regenerativen Energien einzusetzen und damit eine CO_2 freie Energieversorgung zu gewährleisten. Diese Aktivitäten mündeten schon 2012 in der Auszeichnung des Unternehmens als das nachhaltigste Unternehmen unter 150 deutschen Großunternehmen [14].

Digitale Fabrik
Bezüglich der Digitalen Fabrik, war BMW einer der ersten Unternehmen, die in dies investiert und entwickelt haben.

3D-Printing
Bereits im Jahre 1991 wurde bei BMW mittels 3D Drucker gefertigt. Das Spektrum der erstellten Bauteile umfasst das gesamte Fahrzeug von einfachen und kleinen Normteilen bis hin zu komplexen Bauteilen und ganzen modellartigen Fahrzeugen [16].

Je nach Bauteilanforderung kommen unterschiedliche Verfahren zum Einsatz [21]:

- Selektives Lasersintern
- Stereolithografie
- Polyjetdruck
- Fuses Desposition Modelling
- Strahlschmelzen von Metallen

Vor allem Einzelstückzahlen konnten somit effizient gefertigt werden.

Sensitive Roboter
Auch hier werden sensitive Roboter bei Produktionsarbeiten verwendet. Dabei werden die Mitarbeiter bei nicht ergonomischen Tätigkeiten aber auch bei Tätigkeiten mit einer hohen Wiederholungsrate körperlich unterstützt.

6.4   Daimler AG

Daimler ist ein Konzern mit folgenden Marken: Mercedes Benz, Maybach, AMG, Smart, Westen Star, Bharat Benz, FUSO, Setra und Thomas Built Buses. Im Jahr 2018 setzte der Konzern mit insgesamt rund 298.700 Mitarbeitern 3,4 Mio. Fahrzeuge ab. Der Umsatz lag bei 167,4 Mrd. €, das EBIT betrug 11,1 Mrd. € [17].
Diese folgenden fünf Ziele verfolgt Daimler in Bezug auf die Smart Factory:

- Effizienz,
- Flexibilität,
- Geschwindigkeit,
- intelligente Logistik und für die Mitarbeiter ein attraktives Arbeitsumfeld.

Überblick
Unabhängig vom Unternehmensbereich sieht sich der Konzern mit wachsenden Herausforderungen konfrontiert: [18]

- Globalisierung
- Individualisierung
- Digitalisierung / vernetzte Fabrik

Mit der Smart Factory verfolgt Daimler fünf Hauptziele: [18]

- Größere Flexibilität und die Fertigung immer komplexerer Produkte
- Erhöhung der Effizienz durch die konsequente Nutzung aller Ressourcen inklusive Energie und die Optimierung der eigenen Prozesse (zum Beispiel automatische Inventur).
- Flexible Produktionsprozesse mit hoher Geschwindigkeit (dies schließt die schnelle Inbetriebnahme neuer Anlagen ein).
- Sichere und attraktive Arbeitsplätze und Berücksichtigung des demografischen Wandels.
- Smarte Logistik (von der Bedarfsermittlung bis hin zur Produktion und Auslieferung Erhöhung der Effizienz durch die konsequente Nutzung aller Ressourcen inklusive Energie und die Optimierung der eigenen Prozesse (zum Beispiel automatische Inventur).
- Flexible Produktionsprozesse mit hoher Geschwindigkeit (dies schließt die schnelle Inbetriebnahme neuer Anlagen ein).
- Sichere und attraktive Arbeitsplätze und Berücksichtigung des demografischen Wandels.
- Smarte Logistik (von der Bedarfsermittlung bis hin zur Produktion und Auslieferung

Aus diesem Grund hat das Unternehmen die sogenannte Techfabrik gegründet. Hier wird insbesondere Standardisierung von z.B. Automatisierung, Robotik, Steuerungstechnik großgeschrieben

Digitale Fabrik
Auch für Daimler ist die Digitale Fabrik ein wesentlicher Baustein zur Erreichung der Ziele einer flexiblen Produktionsplanung [18]. Hierüber sollen

- robuste Prozesse und Anlagen,
- eine hohe Auslastung und effiziente Produktion,
- reife und produktionsseitig optimierte Produkte,
- flexible Produktionen und schnellere/parallele Produktanläufe sowie
- definierte und umgesetzte Standards

realisiert werden.

3D-Printing
Schon 2013 wurde bei Daimler das Thema der additiven Fertigung durch eine Partnerschaft mit dem Fraunhofer-Institut und Concept Laser gestartet. Ziel war es seinerzeit, nicht nur den Prototypbau, sondern auch Teile für die Produktion über einen 3D-Drucker zu erzeugen [9]. Hier standen vor allem komplex zu fertigende Bauteile im Fokus. Ein Beispiel für die Innovationen ist der im 3D-Druck entstandene Gusskern eines Zylinderkopfes [19].

Sensitive Roboter
Daimler arbeitet an einer verbesserten Mensch-Maschine-Interaktion. So „lernen" Roboter in der Form, dass die menschlichen Kollegen Bewegungen vormachen und Roboter übernehmen diese Bewegungsabläufe [20].

7 Fazit

Da die Industrie 4.0 zunehmend an Form gewinnt, kristallisieren sich neben den vielen Vorteilen auch immer mehr Risiken heraus.

Die IT-Sicherheit, wie bereits in Absatz <u>2.3</u> beschrieben, stellt dem ganzen Konzept einen Stein in den Weg. Vor allem zum Thema Datenschutz und Sicherheit ist noch viel Potential nach oben.

Die Frage stellt sich außerdem, ob somit überhaupt noch Menschen beschäftigt sind. Bestimmt entfallen viele Arbeiten und auch Berufe weg, aber es werden neue Arbeitsplätze geschaffen. Der Mensch muss sehr wohl noch sämtliche Tätigkeiten übernehmen, die eine Maschine nicht selbstständig ausführen kann. Diese wären das Programmieren, Warten, Steuern und die Instandhaltung einer Anlage.
Und nicht alles ist automatisierbar – gerade bei der Individualisierung von Produkten. Wichtig ist, die Menschen auf neue Berufe vorzubereiten und den Wandel sozialverträglich zu gestalten. Mitarbeiter benötigen klarerweise eine andere Weiterbildung oder Fortbildung als vor 10 Jahren.

Vor allem wenn die Umsatzzahlen der einzelnen Unternehmen in Betracht gezogen werden, sieht man einen klaren Vorteil der Digitalisierung. Die BMW Group erzielte im Jahre 2005 rund 47 Mrd. € Umsatz und 2019 rund 104 Mrd. € Umsatz. Hier wird eine deutliche Erhöhung der Umsätze erkenntlich.

Literatur

[1]   PWC-Studie, Industrie 4.0 – Chancen und Herausforderungen der
           vierten industriellen Revolution, 10/2014.

[2]   Huber, Walter: Insight Automotive - Industrie 4.0, Beschaffung ak-
           tuell, 6/2015.

[3]   Andelfinger, Volker P., Hänisch, Till (Hrsg.), Industrie 4.0 – Wie cy-
           ber-physische Systeme die Arbeitswelt verändern , Springer Gab-
           ler, 2017

[4]   https://news.microsoft.com/de-at/microsoft-erklart-was-ist-das-in-
           ternet-of-things-definition-funktionen-von-iot/,
           verfügbar am 15.11.2021,14:53 Uhr

[5]   https://www.vario-software.de/lexikon/smart-factory/,
           verfügbar am 15.11.2021,14:55 Uhr

[6]   https://wirtschaftslexikon.gabler.de/definition/big-data-54101, ver-
           fügbar am 15.11.2021, 14:57 Uhr

[7]   Hung Vo, Paul: Die Automobilindustrie und die Bedeutung innova-
           tiver Industrie 4.0 Technologien, Diplomica Verlag GmbH 2015

[8]   https://www.computerwoche.de/a/
           smart-factory-audis-vision,3327759, verfügbar am 15.11.2021,
           15:01 Uhr

[9]   Thryft, Ann R.: Daimler Funds 3D Printer for Auto Production,
           DesignNews, 1/2013.

[10]   https://www.audi.com/content/dam/gbp2/en/company/investor-re-
           lations/reports-and-key-figures/interim-reports/audi-quarterly-up-
           date-Q3-2021.pdf, verfügbar am 16.11.2021,09:21 Uhr

[11]   Industrie 4.0 bei Audi: Kompetenzinseln statt Fließband, Automo-
           tive IT, 5/2015.

[12]   Industrie 4.0 BMW überprüft Qualität mit virtuellem Fingerzeig, Au-
           tomobilproduktion, 6/2014.

[13] https://de.statista.com/statistik/daten/studie/30731/umfrage/mitar-beiterzahl-der-bmw-group/, verfügbar am 16.11.2021, 08:32 Uhr

[14] Zöbelein, Kai: BMW Group erhält Auszeichnung für besten Nach-haltigkeitsbereich, BMW-Presse-Information, 2/2012.

[15] Reinheimer, Stefan (Hrsg.): Industrie 4.0 – Herausforderungen, Konzepte und Praxisbeispiele, Springer Vieweg, 2017

[16] Dunckern, C.: Industrie der Zukunft – Zukunft der Industrie? Fach-tagung IG Metall (2014)

[17] https://media.daimler.com/marsMediaSite/ko/de/48982654, verfüg-bar am 16.11. 2021, 08:07 Uhr

[18] Kienzle, Stefan: Implikationen für die Automobilproduktion durch Industrie 4.0, Vortrag, Stuttgart 7/2014

[19] Howe, Jörg: Die nächste Stufe der industriellen Revolution: Indust-rie 4.0 – Digitalisierung bei Mercedes-Benz, Pressemitteilung, 10/2015.

[20] Huber, Walter: Industrie 4.0 in der Automobilproduktion, Springer Vieweg, 2016

[21] Eßbauer, Saskia: Pressemappe BMW Group Produktion, 10/2014.

[22] https://www.audi-mediacenter.com/de/standorte-194, verfügbar am 16.11.2021, 08:25 Uhr

[23] https://www.press.bmwgroup.com/deutschland/article/de-tail/T0338932DE/bmw-group-steigert-trotz-halbleitermangels-profi-tabilitaet-und-gewinn-im-zweiten-quartal?language=de, verfügbar am 16.11.2021, 08:38 Uhr

[24] https://netzkonstrukteur.de/fertigungstechnik/3d-druck/, verfügbar am 18.11.2021, 17:22 Uhr

[25] https://muenchen.digital/blog/explainit-industrie-4-0-erklaert/, verfügbar am 21.22.2021, 09:01 Uhr

BEI GRIN MACHT SICH IHR WISSEN BEZAHLT

- Wir veröffentlichen Ihre Hausarbeit, Bachelor- und Masterarbeit

- Ihr eigenes eBook und Buch - weltweit in allen wichtigen Shops

- Verdienen Sie an jedem Verkauf

Jetzt bei www.GRIN.com hochladen und kostenlos publizieren